JN404987

식용안전기준·시행령

차례 | CONTENTS

■식품안전기본법■

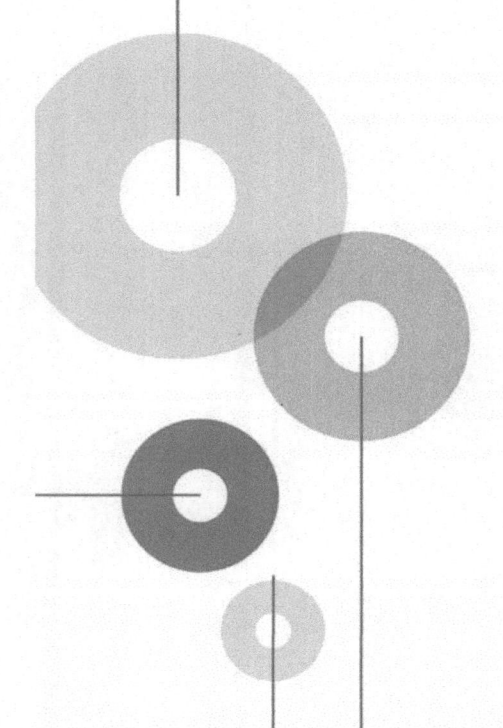

◆ 식품안전기본법·시행령 ·· 1

◆ 식품안전기본법 시행령 별지서식 ································ 41

식품안전기본법

식품의약품안전처

목 차

식품안전기본법	식품안전기본법 시행령
제1장 총칙	
제1조(목적) ······· 7	제1조(목적) ······· 7
제2조(정의) ······· 7	제2조(사업자의 범위) ······· 7
	제3조(안전관리계획의 수립) ······· 7
제2조(정의) ······· 9	
제3조(다른 법률과의 관계) ······· 11	
제4조(국가 및 지방자치단체의 책무) ······· 12	
제5조(국민의 권리와 사업자의 책무) ······· 12	
제5조의2(식품안전의 날 및 식품안전주간) ······· 13	
제2장 식품안전정책의 수립 및 추진체계	
제6조(식품안전관리기본계획 등) ······· 13	제4조(시행계획의 수립) ······· 13
	제5조(추진실적의 제출 등) ······· 14
제7조(식품안전정책위원회) ······· 15	
제8조(위원회의 구성 등) ······· 15	
제9조(위원장의 직무) ······· 16	
제10조(위원의 임기와 의무) ······· 16	
제11조(위원회의 회의) ······· 16	
제12조(전문위원회) ······· 17	제6조(전문위원회의 구성 등) ······· 17
제13조(위원회의 운영) ······· 17	제7조(위원회의 간사 등) ······· 17

식품안전기본법	식품안전기본법 시행령
	제8조(수당 지급) ·· 18
	제9조(운영세칙) ·· 18
제14조(자료 및 조사·분석 요청) ················ 18	
제3장 긴급대응 및 추적조사 등	
제15조(긴급대응) ·· 19	
제16조(생산·판매등의 금지) ······················ 20	제10조(이해관계인의 범위) ···················· 20
	제11조(금지 해제 요청) ···························· 20
제17조(검사명령) ·· 21	제12조(검사명령 대상 식품등) ············ 21
	제13조(검사 기한 등) ································ 21
제18조(추적조사 등) ·· 21	제14조(판매과정을 기록·보관하는 사업자의 범위) ············ 21
	제15조(기록·보관 사항) ·························· 22
제19조(식품등의 회수) ···································· 23	제16조(회수계획의 공개) ························ 23
제4장 식품안전관리의 과학화	
제20조(위해성평가) ·· 24	
제21조(신종식품의 안전관리) ······················ 24	
제22조(식품안전관리인증기준) ···················· 24	
제23조(시험·분석·연구기관의 운용 등) ···· 25	

식품안전기본법	식품안전기본법 시행령
제23조의2(위해예측의 실시 등) ········· 25	
제23조의3(식품위해예측센터의 지정 등) ········· 25	
제23조의4(예측센터의 지정 취소) ········· 26	
제23조의5(예측센터의 지도·감독 등) ········· 27	
제5장 정보공개 및 상호협력 등	
제24조(정보공개 등) ········· 28	제17조(정보공개 요청 요건 등) ········· 28
	제17조의2(표준화) ········· 28
제24조의2(통합식품안전정보망 구축·운영) ········· 29	제17조의3(관계행정기관의 범위 등) ········· 29
	제17조의4(통합식품안전정보망 구축·운영 업무의 위탁) ········· 30
제25조(소비자 및 사업자의 의견수렴) ········· 30	
제26조(관계행정기관 간의 상호협력) ········· 30	제18조(안전정보의 상호 공유 등) ········· 30
제27조(소비자 및 사업자 등에 대한 지원) ········· 31	제19조(시설투자 등의 지원) ········· 31
제6장 소비자 등의 참여 〈개정 2016. 12. 2.〉	
제28조(소비자등의 참여) ········· 32	제20조(시험·분석등의 요청) ········· 32
제29조(신고인 보호) ········· 33	
제30조(포상금 지급) ········· 33	제21조(포상금 지급기준) ········· 33
	제22조(고유식별정보의 처리) ········· 33
부칙 ········· 34	부칙 ········· 34

식품안전기본법	식품안전기본법 시행령
제정 2008. 6. 13. 법률 제9121호 타법개정 2010. 1. 18. 법률 제9932호 타법개정 2010. 5. 25. 법률 제10310호 일부개정 2011. 8. 4. 법률 제10999호 타법개정 2011. 7. 21. 법률 제10885호 타법개정 2011. 11. 22. 법률 제11101호 타법개정 2013. 3. 23. 법률 제11690호 타법개정 2012. 6. 1. 법률 제11459호 일부개정 2014. 5. 21. 법률 제12670호 일부개정 2015. 3. 27. 법률 제13276호 일부개정 2016. 2. 3. 법률 제14021호 일부개정 2016. 12. 2. 법률 제14354호 일부개정 2016. 12. 2. 법률 제14354호 일부개정 2018. 6. 12. 법률 제15708호 타법개정 2020. 8. 11. 법률 제17472호 타법개정 2020. 12. 29. 법률 제17761호 타법개정 2020. 2. 18. 법률 제17037호 일부개정 2021. 7. 27. 법률 제18362호 일부개정 2022. 6. 10. 법률 제18966호	제정 2008. 12. 9. 대통령령 제21158호 타법개정 2010. 1. 27. 대통령령 제22003호 타법개정 2010. 11. 19. 대통령령 제22497호 타법개정 2011. 3. 22. 대통령령 제22715호 타법개정 2012. 5. 23. 대통령령 제23807호 타법개정 2012. 7. 20. 대통령령 제23964호 타법개정 2012. 11. 23. 대통령령 제24195호 타법개정 2013. 3. 23. 대통령령 제24454호 타법개정 2014. 1. 28. 대통령령 제25133호 타법개정 2014. 11. 28. 대통령령 제25792호 타법개정 2016. 1. 22. 대통령령 제26936호 일부개정 2016. 8. 9. 대통령령 제27443호 일부개정 2017. 5. 2. 대통령령 제28008호 타법개정 2017. 7. 26. 대통령령 제28211호 일부개정 2018. 9. 4. 대통령령 제29141호 타법개정 2020. 9. 11. 대통령령 제31013호 타법개정 2022. 6. 7. 대통령령 제32686호

식품안전기본법	식품안전기본법 시행령
[시행 2022. 9. 11.] [법률 제18966호, 2022. 6. 10., 일부개정]	[시행 2023. 1. 1.] [대통령령 제32686호, 2022. 6. 7., 타법개정]

제1장 총칙

제1조(목적) 이 법은 식품의 안전에 관한 국민의 권리·의무와 국가 및 지방자치단체의 책임을 명확히 하고, 식품안전정책의 수립·조정 등에 관한 기본적인 사항을 규정함으로써 국민이 건강하고 안전하게 식생활(食生活)을 영위하게 함을 목적으로 한다.

제2조(정의) 이 법에서 사용하는 용어의 뜻은 다음과 같다. 〈개정 2010. 1. 18., 2010. 5. 25., 2011. 7. 21., 2011. 11. 22., 2012. 6. 1., 2013. 3. 23., 2016. 2. 3., 2016. 12. 2., 2020. 2. 18., 2020. 8. 11., 2020. 12. 29.〉
1. "식품"이란 모든 음식물을 말한다. 다만, 의약으로서 섭취하는 것을 제외한다.
2. "사업자"란 다음 각 목의 어느 하나에 해당하는 것의 생산·채취·제조·가공·수입·운반·저장·조리 또는 판매(이하 "생산·판매등"이라 한다)를 업으로 하는 자를 말한다.
  가. 「식품위생법」에 따른 식품·식품첨가물·기구·용기 또는 포장
  나. 「농수산물 품질관리법」에 따른 농수산물
  다. 삭제 〈2011. 7. 21.〉
  라. 「축산법」에 따른 축산물
  마. 「비료관리법」에 따른 비료

제1조(목적) 이 영은 「식품안전기본법」에서 위임된 사항과 그 시행에 필요한 사항을 규정함을 목적으로 한다.

제2조(사업자의 범위) 「식품안전기본법」(이하 "법"이라 한다) 제2조제2호차목에서 "대통령령으로 정하는 것"이란 다음 각 호에 해당하는 것을 말한다. 〈개정 2011. 3. 22., 2012. 11. 23.〉
1. 「건강기능식품에 관한 법률」에 따른 건강기능식품
2. 「먹는물관리법」에 따른 먹는샘물등
3. 「해양심층수의 개발 및 관리에 관한 법률」에 따른 먹는해양심층수
4. 「소금산업 진흥법」에 따른 천일염(「식품위생법」 제7조제1항에 따라 식품으로 정해진 염은 제외한다)
5. 「인삼산업법」에 따른 인삼류
6. 「양곡관리법」에 따른 양곡

제3조(안전관리계획의 수립) 법 제2조제2호 각 목에 해당하는 것(이하 "식품등"이라 한다)을 소관하는 관계중앙행정기관의 장은 법 제6조제1항에 따라 소관 식품등에 관한 안전관리계획을 수립하여 같은 조

식품안전기본법	식품안전기본법 시행령
바. 「농약관리법」에 따른 농약 사. 「사료관리법」에 따른 사료 아. 「약사법」 제85조에 따른 동물용 의약품 자. 식품의 안전성에 영향을 미칠 우려가 있는 농·수·축산업의 생산자재 차. 그 밖에 식품과 관련된 것으로서 대통령령으로 정하는 것 3. "소비자"란 사업자가 제공하는 제2호 각 목에 해당하는 것(이하 "식품등"이라 한다)을 섭취하거나 사용하는 자를 말한다. 다만, 자기의 영업에 사용하기 위하여 식품등을 제공받는 경우를 제외한다. 4. "관계중앙행정기관"이란 기획재정부·교육부·농림축산식품부·산업통상자원부·보건복지부·환경부·해양수산부·식품의약품안전처·관세청·농촌진흥청 및 질병관리청을 말하고, "관계행정기관"이란 식품등에 관한 행정권한을 가지는 행정기관을 말한다. 5. "식품안전법령등"이란 「식품위생법」, 「건강기능식품에 관한 법률」, 「어린이 식생활안전관리 특별법」, 「감염병의 예방 및 관리에 관한 법률」, 「국민건강증진법」, 「식품산업진흥법」, 「수산식품산업의 육성 및 지원에 관한 법률」, 「농수산물 품질관리법」, 「축산물 위생관리법」, 「가축전염병 예방법」, 「축산법」, 「사료관리법」, 「농약관리법」, 「약사법」, 「비료관리법」, 「인삼산업법」, 「양곡관리법」, 「친환경농어업 육성 및 유기식품 등의 관리·지원에 관한 법률」, 「보건범죄 단속에 관한 특별조치법」, 「학교급식법」, 「학교보건법」, 「수도법」, 「먹는물관리법」, 「소금산업 진흥법」, 「주세법」, 「주류 면허	제2항에 따른 식품안전관리기본계획(이하 "기본계획"이라 한다)의 시행 전년도 6월 30일까지 국무총리에게 제출하여야 한다.

식품안전기본법	식품안전기본법 시행령
등에 관한 법률」,「대외무역법」,「산업표준화법」,「유전자변형생물체의 국가간 이동 등에 관한 법률」,「식품·의약품분야 시험·검사 등에 관한 법률」,「가축 및 축산물 이력관리에 관한 법률」,「수입식품안전관리 특별법」, 그 밖에 식품등의 안전과 관련되는 법률과 위 법률의 위임사항 또는 그 시행에 관한 사항을 규정하는 명령·조례 또는 규칙 중 식품등의 안전과 관련된 규정을 말한다. 6. "위해성평가"란 식품등에 존재하는 위해요소가 인체의 건강을 해하거나 해할 우려가 있는지 여부와 그 정도를 과학적으로 평가하는 것을 말한다. 7. "추적조사"란 식품등의 생산·판매등의 과정에 관한 정보를 추적하여 조사하는 것을 말한다. **제2조(정의)** 이 법에서 사용하는 용어의 뜻은 다음과 같다. 〈개정 2010. 1. 18., 2010. 5. 25., 2011. 7. 21., 2011. 11. 22., 2012. 6. 1., 2013. 3. 23., 2016. 2. 3., 2016. 12. 2., 2020. 2. 18., 2020. 8. 11., 2020. 12. 29., 2025. 3. 18.〉 1. "식품"이란 모든 음식물을 말한다. 다만, 의약으로서 섭취하는 것을 제외한다. 2. "사업자"란 다음 각 목의 어느 하나에 해당하는 것의 생산·채취·제조·가공·수입·운반·저장·조리 또는 판매(이하 "생산·판매등"이라 한다)를 업으로 하는 자를 말한다. 　가.「식품위생법」에 따른 식품·식품첨가물·기구·용기 또는 포장	

식품안전기본법	식품안전기본법 시행령
나. 「농수산물 품질관리법」에 따른 농수산물 다. 삭제 〈2011. 7. 21.〉 라. 「축산법」에 따른 축산물 마. 「비료관리법」에 따른 비료 바. 「농약관리법」에 따른 농약 사. 「사료관리법」에 따른 사료 아. 「약사법」 제85조에 따른 동물용 의약품 자. 식품의 안전성에 영향을 미칠 우려가 있는 농·수·축산업의 생산자재 차. 그 밖에 식품과 관련된 것으로서 대통령령으로 정하는 것 3. "소비자"란 사업자가 제공하는 제2호 각 목에 해당하는 것(이하 "식품등"이라 한다)을 섭취하거나 사용하는 자를 말한다. 다만, 자기의 영업에 사용하기 위하여 식품등을 제공받는 경우를 제외한다. 4. "관계중앙행정기관"이란 기획재정부·교육부·농림축산식품부·산업통상자원부·보건복지부·환경부·해양수산부·식품의약품안전처·관세청·농촌진흥청 및 질병관리청을 말하고, "관계행정기관"이란 식품등에 관한 행정권한을 가지는 행정기관을 말한다. 5. "식품안전법령등"이란 「식품위생법」, 「건강기능식품에 관한 법률」, 「어린이 식생활안전관리 특별법」, 「감염병의 예방 및 관리에 관한 법률」, 「국민건강증진법」, 「식품산업진흥법」, 「수산식품산업의 육성 및 지원에 관한 법률」, 「농수산물 품질관리법」, 「축산물 위생관리법」, 「가축전염병 예방법」, 「축산법」, 「사료관리법」, 「농약관리법」, 「약사법」, 「비료관리법」, 「인삼산업법」, 「양곡관리법」, 「친환	

식품안전기본법	식품안전기본법 시행령
경농어업 육성 및 유기식품 등의 관리·지원에 관한 법률」, 「보건범죄 단속에 관한 특별조치법」, 「학교급식법」, 「학교보건법」, 「수도법」, 「먹는물관리법」, 「소금산업 진흥법」, 「주세법」, 「주류 면허 등에 관한 법률」, 「대외무역법」, 「산업표준화법」, 「유전자변형생물체의 국가간 이동 등에 관한 법률」, 「식품·의약품분야 시험·검사 등에 관한 법률」, 「가축 및 축산물 이력관리에 관한 법률」, 「수입식품안전관리 특별법」, 그 밖에 식품등의 안전과 관련되는 법률과 위 법률의 위임사항 또는 그 시행에 관한 사항을 규정하는 명령·조례 또는 규칙 중 식품등의 안전과 관련된 규정을 말한다. 6. "위해성평가"란 식품등에 존재하는 위해요소가 인체의 건강을 해하거나 해할 우려가 있는지 여부와 그 정도를 과학적으로 평가하는 것을 말한다. 7. "추적조사"란 식품등의 생산·판매등의 과정에 관한 정보를 추적하여 조사하는 것을 말한다. 8. "위해예측"이란 식품등의 생산부터 소비까지의 과정에서 발생할 수 있는 위해요소와 관련된 정보를 수집·분석하고, 모델·시나리오 개발을 통하여 위해의 정도를 과학적으로 예측하는 것을 말한다. [시행일: 2026. 3. 19.] 제2조 **제3조(다른 법률과의 관계)** ① 식품등의 안전에 관하여 제2조제5호에 따른 법률에 특별한 규정이 있는 경우를 제외하고는 이 법으로 정하는 바에 따른다.	

식품안전기본법	식품안전기본법 시행령
② 식품안전법령등을 제정 또는 개정하는 경우 이 법의 취지에 부합하도록 하여야 한다. **제4조(국가 및 지방자치단체의 책무)** ① 국가 및 지방자치단체는 국민이 건강하고 안전한 식생활을 영위할 수 있도록 생산부터 소비까지 단계별로 식품등의 안전에 관한 정책(이하 "식품안전정책"이라 한다)을 수립하고 시행할 책무를 진다. 〈개정 2022. 6. 10.〉 ② 국가 및 지방자치단체는 식품안전정책을 수립·시행할 경우 과학적 합리성, 일관성, 투명성, 신속성 및 사전예방의 원칙이 유지되도록 하여야 한다. ③ 국가 및 지방자치단체는 식품등의 생산·제조·가공·조리·포장·보존 및 유통 등에 관한 기준과 식품등의 성분에 관한 규격(이하 "식품등의 안전에 관한 기준·규격"이라 한다)을 정함에 있어 국민의 생명과 안전을 고려한 과학적 기준을 세워야 하며, 「세계 무역기구 설립을 위한 마라케쉬협정」에 따른 국제식품규격위원회의 식품규격 등 국제적 기준과 조화를 이루도록 노력한다. 〈개정 2011. 8. 4.〉 ④ 국가 및 지방자치단체는 중복적인 출입·수거·검사 등으로 인하여 사업자에게 과도한 부담을 주지 아니하도록 노력하여야 한다. **제5조(국민의 권리와 사업자의 책무)** ① 국민은 국가나 지방자치단체의 식품안전정책의 수립·시행에 참여하고, 식품안전정책에 대한 정보에 관하여 알권리가 있다.	

식품안전기본법	식품안전기본법 시행령
② 사업자는 국민의 건강에 유익하고 안전한 식품등을 생산·판매등을 하여야 하고, 취급하는 식품등의 위해 여부에 대하여 항상 확인하고 검사할 책무를 진다. **제5조의2(식품안전의 날 및 식품안전주간)** ① 식품안전에 대한 국민의 이해와 관심 및 사업자의 인식과 역량을 높이기 위하여 매년 5월 14일을 식품안전의 날로 하며, 매년 5월 7일부터 5월 21일까지를 식품안전주간으로 한다. 〈개정 2021. 7. 27.〉 ② 국가 및 지방자치단체는 식품안전의 날의 취지에 적합한 기념행사를 개최할 수 있고, 관련 사업을 실시하거나 관련 단체 등의 활동을 지원할 수 있다. 〈개정 2021. 7. 27.〉 [본조신설 2016. 12. 2.]	

제2장 식품안전정책의 수립 및 추진체계

식품안전기본법	식품안전기본법 시행령
제6조(식품안전관리기본계획 등) ① 관계중앙행정기관의 장은 5년마다 소관 식품등에 관한 안전관리계획을 수립하여 국무총리에게 제출하여야 한다. 〈개정 2018. 6. 12.〉 ② 국무총리는 제1항에 따라 제출받은 관계중앙행정기관의 식품등에 관한 안전관리계획을 종합하여 제7조에 따른 식품안전정책위원회의 심의를 거쳐 식품안전관리기본계획(이하 "기본계획"이라 한다)을 수립한 후 관계중앙행정기관의 장에게 통보하여야 한다.	**제4조(시행계획의 수립)** ① 시장·군수·구청장(자치구의 구청장을 말한다. 이하 같다)은 법 제6조제4항에 따라 식품안전관리시행계획(이하 "시행계획"이라 한다)을 수립하여 시행 전년도 11월 30일까지 특별시장·광역시장·도지사에게 제출하고, 특별시장·광역시장·도지사는 관할 시·군·구(자치구를 말한다. 이하 같다)의 시행계획과 해당 특별시·광역시·도의 시행계획을 종합하여 시행 전년도 12월 31일까지 관계중앙행정기관의 장에게 제출하여야 한다.

식품안전기본법	식품안전기본법 시행령
③ 기본계획은 다음 각 호의 사항을 포함하여야 한다. 1. 식생활의 변화와 전망 2. 식품안전정책의 목표 및 기본방향 3. 식품안전법령등의 정비 등 제도개선에 관한 사항 4. 사업자에 대한 지원 등 식품등의 안전성 확보를 위한 지원방법에 관한 사항 5. 식품등의 안전에 관한 연구 및 기술개발에 관한 사항 6. 식품등의 안전을 위한 국제협력에 관한 사항 7. 그 밖에 식품등의 안전성 확보를 위하여 필요한 사항 ④ 관계중앙행정기관의 장 및 지방자치단체의 장은 기본계획을 기초로 하여 매년 식품안전관리시행계획(이하 "시행계획"이라 한다)을 수립·시행하여야 한다. ⑤ 관계중앙행정기관의 장 및 지방자치단체의 장은 기본계획 및 시행계획을 추진하기 위한 인력과 재원을 우선적으로 확보하도록 노력하여야 한다. ⑥ 제1항부터 제5항까지의 규정으로 정한 것 외에 기본계획 및 시행계획의 수립·시행에 관하여 필요한 사항은 대통령령으로 정한다.	② 특별자치시장·특별자치도지사는 시행계획을 수립하여 시행 전년도 12월 31일까지 관계중앙행정기관의 장에게 제출하여야 한다. 〈개정 2018. 9. 4.〉 ③ 관계중앙행정기관의 장은 제1항 및 제2항에 따라 제출받은 특별시·광역시·특별자치시·도·특별자치도(이하 "시·도"라 한다) 및 시·군·구의 시행계획을 종합하여 시행연도 2월 말일까지 국무총리에게 제출하여야 한다. 〈개정 2018. 9. 4.〉 ④ 관계중앙행정기관의 장과 특별시장·광역시장·특별자치시장·도지사·특별자치도지사(이하 "시·도지사"라 한다) 및 시장·군수·구청장은 제1항부터 제3항까지의 규정에 따라 시행계획을 수립하는 때에는 제5조제4항에 따라 통보받은 추진실적의 평가 결과를 반영하여야 한다. 〈개정 2018. 9. 4.〉 **제5조(추진실적의 제출 등)** ① 시장·군수·구청장은 제4조제1항에 따른 시행계획의 추진실적을 다음 해 1월 15일까지 특별시장·광역시장·도지사에게 제출하고, 특별시장·광역시장·도지사는 관할 시·군·구의 추진실적과 해당 특별시·광역시·도의 추진실적을 종합하여 다음 해 1월 31일까지 관계중앙행정기관의 장에게 제출하여야 한다. ② 특별자치시장·특별자치도지사는 제4조제2항에 따른 시행계획의 추진실적을 다음 해 1월 31일까지 관계중앙행정기관의 장에게 제출하여야 한다. 〈개정 2018. 9. 4.〉 ③ 관계중앙행정기관의 장은 제1항 및 제2항에 따라 제출받은 시·도

식품안전기본법	식품안전기본법 시행령
	및 시·군·구의 추진실적을 종합하여 다음 해 2월 말일까지 국무총리에게 제출하여야 한다. ④ 국무총리는 제3항에 따라 제출받은 추진실적을 종합하여 법 제7조에 따른 식품안전정책위원회(이하 "위원회"라 한다)의 심의를 거쳐 그 결과를 관계중앙행정기관의 장과 시·도지사 및 시장·군수·구청장에게 통보하여야 한다.
제7조(식품안전정책위원회) ① 식품안전정책을 종합·조정하기 위하여 국무총리 소속으로 식품안전정책위원회(이하 "위원회"라 한다)를 둔다. ② 위원회는 다음 각 호의 사항을 심의·조정한다. 1. 기본계획에 관한 사항 2. 식품등의 안전 관련 주요 정책에 관한 사항 3. 국민건강에 중대한 영향을 미칠 수 있는 식품안전법령등 및 식품등의 안전에 관한 기준·규격의 제정·개정에 관한 사항 4. 국민건강에 중대한 영향을 미칠 수 있는 식품등에 대한 위해성평가에 관한 사항 5. 중대한 식품등의 안전사고에 대한 종합대응방안에 관한 사항 6. 그 밖에 식품등의 안전에 관한 중요한 사항으로 위원장이 부의하는 사항 **제8조(위원회의 구성 등)** ① 위원회는 위원장 1명을 포함한 20명 이내의 위원으로 구성한다.	

식품안전기본법	식품안전기본법 시행령
② 위원회의 위원장은 국무총리가 되고, 위원은 다음 각 호의 자가 된다. 〈개정 2010. 1. 18., 2013. 3. 23.〉 1. 기획재정부장관·교육부장관·법무부장관·농림축산식품부장관·보건복지부장관·환경부장관·해양수산부장관·식품의약품안전처장 및 국무조정실장 2. 식품등의 안전에 관한 학식과 경험이 풍부한 자 중에서 국무총리가 위촉하는 자 ③ 위원장이 필요하다고 인정하는 때에는 관계행정기관의 장, 관계 공무원 및 전문가 등을 위원회의 회의에 출석시켜 발언하게 할 수 있다. **제9조(위원장의 직무)** ① 위원장은 위원회의 회의를 소집하고 그 의장이 된다. ② 위원장이 부득이한 사유로 직무를 수행할 수 없는 때에는 위원장이 미리 지명한 위원이 그 직무를 대행한다. **제10조(위원의 임기와 의무)** ① 위원의 임기는 2년으로 하되, 연임할 수 있다. 다만, 공무원인 위원은 그 직위에 재직하는 기간동안 재임한다. ② 위원은 양심에 따라 공정하게 업무를 수행하여야 하고, 특정집단의 이익을 대변하여서는 아니 된다. **제11조(위원회의 회의)** ① 위원회의 회의는 위원장이 필요하다고 인정하거나 재적위원 3분의 1 이상의 요청이 있는 경우 소집한다.	

식품안전기본법	식품안전기본법 시행령
② 위원회의 회의는 재적위원 과반수의 출석으로 개의하고, 출석위원 과반수의 찬성으로 의결한다. **제12조(전문위원회)** ① 위원회는 위원장이 요청하는 사항에 대하여 전문적인 검토를 하기 위하여 전문위원회를 둘 수 있다. ② 전문위원회의 구성·기능·운영에 관하여 필요한 사항은 대통령령으로 정한다. **제13조(위원회의 운영)** ① 위원회의 사무를 처리하기 위하여 위원회에 사무기구를 둘 수 있다. ② 위원장은 위원회의 업무수행을 위하여 필요한 경우 관계행정기관·연구기관 또는 단체 등의 장과 협의하여 그 소속 공무원 또는 소속	**제6조(전문위원회의 구성 등)** ① 법 제12조에 따른 전문위원회는 분야별로 설치할 수 있으며, 각 전문위원회는 위원장 1명을 포함한 15명 이내의 위원으로 구성한다. ② 전문위원회의 위원은 관계중앙행정기관의 고위공무원단에 속하는 공무원과 식품 분야에 대한 학식과 경험이 풍부한 자 중에서 위원회의 위원장이 위촉하거나 임명한 자가 된다. ③ 전문위원회의 위원 중 위원회의 위원장이 위촉한 위원의 임기는 2년으로 한다. ④ 전문위원회의 위원장은 위원회의 위원장이 임명하는 자가 된다. ⑤ 전문위원회의 회의는 전문위원회의 위원장이 필요하다고 인정하는 경우 개최하며, 재적위원 과반수의 출석으로 개의(開議)하고 출석위원 과반수의 찬성으로 의결한다. ⑥ 전문위원회의 위원장은 개최된 회의 결과를 위원회의 위원장에게 보고하여야 한다. **제7조(위원회의 간사 등)** ① 법 제13조제3항에 따라 위원회에 그 사무를 처리하게 하기 위하여 간사 1명과 필요한 직원을 둔다. ② 간사는 국무조정실의 고위공무원단에 속하는 일반직 공무원 중에서 위원회의 위원장이 임명한다. 〈개정 2013. 3. 23.〉

식품안전기본법	식품안전기본법 시행령
직원의 파견을 요청할 수 있다. ③ 이 법으로 정한 것 외에 위원회의 조직과 운영에 관하여 필요한 사항은 대통령령으로 정한다. **제14조(자료 및 조사·분석 요청)** 위원회 및 전문위원회는 식품등의 안전을 확보하기 위하여 관계행정기관에 자료를 요청하거나 제23조에 따른 시험·분석·연구기관에 위해성평가에 필요한 조사·분석·검사를 요청할 수 있다.	③ 제1항에 따라 위원회에 두는 직원은 관계중앙행정기관 또는 지방자치단체에서 파견된 공무원과 계약직 직원으로 충원할 수 있다. 다만, 계약직 직원의 충원에 있어서는 식품 안전에 관한 학식과 경험이 풍부한 자를 우선 채용할 수 있다. ④ 간사는 위원회의 위원장의 명을 받아 위원회의 사무를 처리하고 위원회에 출석하여 발언할 수 있다. **제8조(수당 지급)** 위원회 및 전문위원회의 회의에 출석한 위원에게는 예산의 범위에서 수당과 여비를 지급할 수 있다. 다만, 공무원인 위원이 그 소관 업무와 직접적으로 관련되어 위원회 및 전문위원회의 회의에 출석하는 경우에는 그러하지 아니하다. **제9조(운영세칙)** 이 영에 규정된 것 외에 위원회 및 전문위원회의 운영 등에 필요한 사항은 위원회의 의결을 거쳐 위원회의 위원장이 정한다.

식품안전기본법	식품안전기본법 시행령
제3장 긴급대응 및 추적조사 등 **제15조(긴급대응)** ① 정부는 식품등으로 인하여 국민건강에 중대한 위해가 발생하거나 발생할 우려가 있는 경우 국민에 대한 피해를 사전에 예방하거나 최소화하기 위하여 긴급히 대응할 수 있는 체계를 구축·운영하여야 한다. ② 관계중앙행정기관의 장은 생산·판매등이 되고 있는 식품등이 유해물질을 함유한 것으로 알려지거나 그 밖의 사유로 위해우려가 제기되고 그로 인하여 국민 불특정 다수의 건강에 중대한 위해가 발생하거나 발생할 우려가 있다고 판단되는 경우 다음 각 호의 사항이 포함된 긴급대응방안을 마련하여 위원회의 심의를 거쳐 해당 긴급대응방안에 따라 필요한 조치를 하여야 한다. 다만, 위원회의 심의를 거치는 것이 긴급대응의 목적을 달성할 수 없다고 판단되는 경우에는 필요한 조치를 한 후에 위원회의 심의를 거칠 수 있다. 〈개정 2016. 12. 2.〉 1. 해당 식품등의 종류 2. 해당 식품등으로 인하여 인체에 미치는 위해의 종류 및 정도 3. 제16조에 따른 생산·판매등의 금지가 필요한 경우 이에 관한 사항 4. 제18조에 따른 추적조사가 필요한 경우 이에 관한 사항 5. 소비자에 대한 긴급대응 대처요령 등의 교육·홍보에 관한 사항 5의2. 다른 관계행정기관의 장의 협조가 필요한 경우 이에 관한 사항 6. 그 밖에 식품등의 위해방지 및 확산을 막기 위하여 필요한 사항 ③ 위원회는 관계중앙행정기관의 장이 제출한 긴급대응방안을 지체	

식품안전기본법	식품안전기본법 시행령
없이 심의하고 그 내용과 관련된 다른 관계행정기관의 장에게 통보하며 일반 국민에게 공표하여야 한다. ④ 관계중앙행정기관의 장은 제2항에 따라 필요한 조치를 행한 후 그 결과를 지체 없이 위원회에 보고하여야 한다. ⑤ 관계행정기관의 장, 사업자 및 소비자는 긴급대응방안의 시행에 협력하여야 한다. **제16조(생산·판매등의 금지)** ① 관계행정기관의 장은 제15조제2항에 따른 긴급대응이 필요하다고 판단되는 식품등에 대하여 그 위해 여부가 확인되기 전까지 해당 식품등의 생산·판매등을 금지하여야 한다. 〈개정 2011. 8. 4.〉 ② 사업자는 제1항에 따라 생산·판매등이 금지된 식품등의 생산·판매등을 하여서는 아니 된다. ③ 제1항에 따라 생산·판매등을 금지하고자 하는 관계행정기관의 장은 미리 대통령령으로 정하는 이해관계인의 의견을 들어야 한다. 다만, 이해관계인의 의견을 듣고 조치할 경우 그 위해의 확산으로 국민건강에 심각한 피해를 끼칠 것으로 판단될 때에는 그러하지 아니하다. 〈개정 2022. 6. 10.〉 ④ 제1항에 따른 금지조치를 한 관계행정기관의 장은 지체 없이 해당 내용을 사업자 등 대통령령으로 정하는 이해관계인에게 통지하여야 한다. 〈신설 2022. 6. 10.〉 ⑤ 제4항에 따라 통지를 받은 사업자는 제1항에 따른 금지조치에 대하여	**제10조(이해관계인의 범위)** 법 제16조제3항에서 "대통령령으로 정하는 이해관계인"이란 같은 조 제1항에 따른 식품등의 생산·채취·제조·가공·수입·운반·저장·조리 또는 판매(이하 "생산·판매등"이라 한다)의 금지로 인하여 사업상 불이익을 받았거나 받게 되는 사업자와 해당 금지와 직접 관련이 있는 거래의 상대방을 말한다. **제11조(금지 해제 요청)** ① 법 제16조제5항에 따라 생산·판매등의 금지 조치에 대하여 이의가 있는 사업자는 별지 제1호서식의 식품등의 생산·판매등의 금지 해제 요청서를 관계행정기관의 장에게 제출하여야 한다. ② 관계행정기관의 장은 제1항에 따라 생산·판매등의 금지 해제 요청을 받은 때에는 해당 식품등을 소관하는 관계중앙행정기관의 장에게 보고하여야 한다. ③ 제2항에 따라 보고받은 관계중앙행정기관의 장은 지체 없이 위원회의 위원장에게 보고하여 위원회의 심의를 거치도록 하여야 한다.

식품안전기본법	식품안전기본법 시행령
이의가 있는 경우 대통령령으로 정하는 바에 따라 관계행정기관의 장에게 해당 금지의 전부 또는 일부의 해제를 요청할 수 있다. 〈개정 2022. 6. 10.〉 ⑥ 관계행정기관의 장은 식품등으로부터 국민건강에 위해가 발생하지 아니하였거나 발생할 우려가 없어졌다고 인정하는 경우 해당 금지의 전부 또는 일부를 지체 없이 해제하여야 한다. 〈개정 2022. 6. 10.〉 **제17조(검사명령)** ① 관계행정기관의 장은 다음 각 호의 어느 하나에 해당하는 식품등의 생산·판매등을 하는 사업자에 대하여 관계중앙행정기관의 장이 지정·고시하는 검사기관에서 검사를 받을 것을 명할 수 있다. 1. 제15조제2항에 따른 긴급대응이 필요하다고 판단되는 식품등 2. 국내외에서 위해발생의 우려가 제기되었거나 제기된 식품등 3. 그 밖에 국민건강에 중대한 위해가 발생하거나 발생할 우려가 있는 식품등으로서 대통령령으로 정하는 것 ② 제1항에 따른 검사명령을 받은 사업자는 대통령령으로 정하는 검사기한 내에 검사를 받아야 하며, 검사기관은 그 검사결과를 사업자 및 관계행정기관의 장에게 통보하여야 한다. **제18조(추적조사 등)** ① 관계중앙행정기관의 장은 식품등의 생산·판매 등의 이력(履歷)을 추적하기 위한 시책을 수립·시행하여야 한다. ② 관계행정기관의 장은 국민건강에 중대한 위해가 발생하거나 발생할 우려가 있는 식품등에 대하여 추적조사를 실시하여야 한다. 이 경우	④ 관계중앙행정기관의 장은 제3항에 따른 심의 결과를 관계행정기관의 장에게 통보하고, 관계행정기관의 장은 그 심의 결과에 따라 생산·판매등의 금지 해제 여부를 해당 사업자에게 통보하여야 한다. **제12조(검사명령 대상 식품등)** 법 제17조제1항제3호에 따라 사업자에게 검사명령을 할 수 있는 대상 식품등은 법 제20조에 따른 위해성평가 결과 유해물질이 검출되어 국민건강에 위해를 발생시킬 수 있다고 판단되는 식품등으로 한다. **제13조(검사 기한 등)** ① 법 제17조제1항에 따른 검사명령을 받은 사업자는 그 명령을 받은 즉시 관계행정기관의 장이 정하는 검사기관에 검사를 의뢰하여야 한다. ② 제1항에 따라 검사를 의뢰받은 검사기관은 다른 업무에 우선하여 검사를 실시하고 그 결과를 사업자 및 관계행정기관의 장에게 통보하여야 하며, 검사완료일부터 2년 동안 검사에 관한 서류를 보관하여야 한다. **제14조(판매과정을 기록·보관하는 사업자의 범위)** 법 제18조제4항에 따라 식품등의 생산·구입 및 판매과정을 기록·보관하여야 하는 사업자의 범위는 다음 각 호와 같다. 〈개정 2010. 11. 19., 2014. 1. 28., 2016. 1. 22.〉

식품안전기본법	식품안전기본법 시행령
관련된 관계행정기관이 있는 때에는 합동조사 등의 방법에 의하여 함께 추적조사를 하여야 한다. ③ 관련된 관계행정기관의 장은 제2항 후단에 따른 추적조사에 적극 협조하여야 한다. ④ 사업자는 식품등의 생산·판매등의 과정을 확인할 수 있도록 필요한 사항을 기록·보관하여야 하고, 관계행정기관의 장이 그 기록의 열람 또는 제출을 요구하는 경우 이에 응할 수 있도록 관리하여야 한다. ⑤ 제4항에 따라 식품등의 생산·구입 및 판매과정을 기록·보관하여야 하는 사업자의 범위 등은 대통령령으로 정한다. ⑥ 식품등의 이력추적 시책을 수립·시행하고 있는 관계중앙행정기관의 장은 다른 관계행정기관의 장에게 이력추적에 관한 정보의 제공을 요청할 수 있다. 이 경우 요청받은 기관의 장은 정당한 사유가 없으면 요청에 따라야 한다. 〈신설 2016. 2. 3.〉	1. 「식품위생법」에 따른 식품제조·가공업자, 식품첨가물제조업자 2. 「건강기능식품에 관한 법률」에 따른 건강기능식품제조업자 3. 「축산물 위생관리법」에 따른 도축업자, 집유업자, 식육가공업자, 유가공업자, 알가공업자 4. 「농약관리법」에 따른 제조업자, 수입업자 5. 「약사법」에 따른 동물용 의약품 제조업자, 수입업자 6. 「수입식품안전관리 특별법」에 따른 수입식품등 수입·판매업자 **제15조(기록·보관 사항)** ① 제14조에 따른 사업자는 다음 각 호의 사항을 기록·보관하여야 한다. 〈개정 2022. 6. 7.〉 1. 제품명 2. 식품등의 판매 또는 구입일자 3. 제품의 제조·수입일자 또는 소비기한·품질유지기한 4. 제품 원재료의 명칭 및 원산지(식품등을 제조하거나 가공하는 사업자만 해당한다) 5. 제조·수입·구입 또는 판매한 식품등의 수량 6. 제품의 판매처 또는 구입처의 명칭 및 연락처 ② 제1항에 따라 식품등의 생산·구입 및 판매과정에서 기록(전자문서로 기록하는 경우를 포함한다)한 사항은 최종기재일부터 3년 동안 보관하여야 한다.

식품안전기본법	식품안전기본법 시행령
제19조(식품등의 회수) ① 사업자는 생산·판매등을 한 식품등이 식품안전법령등으로 정한 식품등의 안전에 관한 기준·규격 등에 맞지 아니하여 국민건강에 위해가 발생하거나 발생할 우려가 있는 경우 해당 식품등을 지체 없이 회수하여야 한다. ② 사업자는 제1항에 따라 식품등을 회수하는 경우 대통령령으로 정하는 바에 따라 소비자에게 회수사유, 회수계획 및 회수현황 등을 공개하여야 한다.	**제16조(회수계획의 공개)** ① 법 제19조제1항에 따라 식품등을 회수하여야 하는 사업자는 관계중앙행정기관, 관계행정기관 및 사업자의 인터넷 홈페이지(인터넷 홈페이지가 있는 사업자만 해당한다)와 다음 각 호의 어느 하나에 해당하는 방법을 이용하여 지체 없이 회수계획을 공개하여야 한다. 〈개정 2010. 1. 27.〉 1. 「방송법」 제2조제1호가목에 따른 텔레비전방송 2. 「신문 등의 진흥에 관한 법률」 제9조제1항에 따라 전국을 보급지역으로 등록한 일간신문 ② 제1항에 따라 회수계획을 공개하는 경우 다음 각 호의 사항이 포함되어야 한다. 〈개정 2022. 6. 7.〉 1. 식품등을 회수한다는 내용의 표제 2. 제품명, 회수하는 사업자의 명칭 및 소재지 3. 회수 식품등의 제조·수입일자 또는 소비기한·품질유지기한 4. 회수 계획량 5. 회수 사유 6. 회수 방법 7. 회수 기간 8. 그 밖에 회수에 필요한 사항 ③ 제1항에 따라 식품등의 회수계획을 공개한 사업자는 회수 기간 종료 후 2일 이내에 제1항의 방법으로 식품등의 회수현황을 공개하여야 한다.

식품안전기본법	식품안전기본법 시행령

제4장 식품안전관리의 과학화

제20조(위해성평가) ① 관계중앙행정기관의 장은 식품등의 안전에 관한 기준·규격을 제정 또는 개정하거나 식품등이 국민건강에 위해를 발생시키는지의 여부를 판단하고자 하는 경우 사전에 위해성평가를 실시하여야 한다. 다만, 제15조제2항에 따른 긴급대응이 필요한 경우 사후에 위해성평가를 할 수 있다.
② 제1항에도 불구하고 다음 각 호의 어느 하나에 해당하는 경우 위원회의 심의를 거쳐 위해성평가를 하지 아니할 수 있다.
1. 식품등의 안전에 관한 기준·규격 또는 위해의 내용으로 보아 위해성평가를 실시할 필요가 없는 것이 명확한 경우
2. 국민건강에 위해를 발생시키는 것이 확실한 경우

③ 위해성평가는 현재 활용가능한 과학적 근거에 기초하여 객관적이고 공정·투명하게 실시하여야 한다.

제21조(신종식품의 안전관리) 관계중앙행정기관의 장은 유전자재조합기술을 활용하여 생산된 농·수·축산물, 그 밖에 식용으로 사용하지 아니하던 것을 새로이 식품으로 생산·판매등을 하도록 허용하는 경우 국민건강에 위해가 발생하지 아니하도록 안전관리대책을 수립·시행하여야 한다.

제22조(식품안전관리인증기준) 관계중앙행정기관의 장은 식품등의 생산·판매등의 과정에서 식품등의 위해요소를 사전에 방지하기 위하여

식품안전기본법	식품안전기본법 시행령
중점적으로 관리하도록 하는 제도를 도입·시행하여야 하고, 해당 제도를 적용하는 사업자에 대하여 기술 및 자금 등을 지원할 수 있다. [제목개정 2016. 12. 2.] **제23조(시험·분석·연구기관의 운용 등)** 관계행정기관의 장은 식품등의 안전에 관한 시험·분석 또는 연구를 하는 소속 기관, 정부출연기관 또는 식품안전법령등에서 지정한 기관(이하 "시험·분석·연구기관"이라 한다)의 전문성과 효율성을 높이기 위하여 노력하여야 한다. **제23조의2(위해예측의 실시 등)** ① 정부는 식품안전정책의 수립·시행 및 식품안전정책에 활용하기 위한 목적으로 위해예측을 실시할 수 있다. ② 정부는 위해예측을 실시하기 위하여 조사·연구, 기술개발, 전문기관 지원, 국내외 협력체계 구축 등의 시책을 추진할 수 있다. ③ 제1항에 따른 위해예측의 실시 및 제2항에 따른 시책 추진에 필요한 사항은 대통령령으로 정한다. [본조신설 2025. 3. 18.] [시행일: 2026. 3. 19.] 제23조의2 **제23조의3(식품위해예측센터의 지정 등)** ① 식품의약품안전처장은 위해예측을 전문적으로 지원하기 위하여 위해예측과 관련된 사업을 하는 기관·단체 또는 법인을 식품위해예측센터(이하 "예측센터"라 한다)로 지정할 수 있다.	

식품안전기본법	식품안전기본법 시행령
② 예측센터는 다음 각 호의 사업을 수행한다. 1. 위해요소 관련 정보의 수집·분석 및 데이터베이스 구축 2. 기후·환경 요인과 위해요소 간의 상관관계 등 조사·연구 3. 위해요소 예측 모델 개발 4. 위해요소 대응 시나리오 개발 및 예보 지원 5. 위해예측에 기반한 식품안전정책 수립 지원 6. 위해예측에 관한 국제협력 7. 그 밖에 위해예측 관련 정보 수집·활용 등에 관한 사항으로서 식품의약품안전처장이 정하는 사업 ③ 예측센터의 장은 제2항 각 호의 사업을 수행하기 위하여 필요한 경우 국가, 지방자치단체, 연구기관 등 위해예측에 필요한 정보를 보유한 기관이나 단체의 장에게 자료 등을 요청할 수 있다. 이 경우 요청을 받은 기관이나 단체의 장은 정당한 사유가 없으면 그 요청에 따라야 한다. ④ 식품의약품안전처장은 예측센터에 대하여 예산의 범위에서 제2항 각 호의 사업을 수행하는 데에 필요한 경비를 보조할 수 있다. ⑤ 제1항에 따른 예측센터 지정의 기준 및 절차 등에 필요한 사항은 대통령령으로 정한다. [본조신설 2025. 3. 18.] [시행일: 2026. 3. 19.] 제23조의3 **제23조의4(예측센터의 지정 취소)** ① 식품의약품안전처장은 제23조의3제1항에 따라 지정된 예측센터가 다음 각 호의 어느 하나에 해당하는	

식품안전기본법	식품안전기본법 시행령
경우에는 그 지정을 취소할 수 있다. 다만, 제1호에 해당하는 경우에는 지정을 취소하여야 한다. 1. 거짓이나 그 밖의 부정한 방법으로 지정을 받은 경우 2. 정당한 사유 없이 제23조의3제2항 각 호에 따른 사업을 1년 이상 계속하여 실시하지 아니한 경우 3. 중대한 공익상의 사유 등으로 예측센터의 사업을 계속 수행하기 어렵게 된 경우 4. 제23조의3제5항에 따른 지정기준에 적합하지 아니하게 된 경우 5. 그 밖에 사업실적의 현저한 부실 등 예측센터의 업무수행이 적절하지 아니하다고 식품의약품안전처장이 인정하는 경우 ② 제1항에 따른 예측센터 지정 취소의 기준 및 절차 등에 필요한 사항은 대통령령으로 정한다. [본조신설 2025. 3. 18.] [시행일: 2026. 3. 19.] 제23조의4	
제23조의5(예측센터의 지도·감독 등) ① 식품의약품안전처장은 예측센터에 대하여 감독상 필요한 때에는 그 업무에 관한 사항을 보고하게 하거나 자료의 제출, 그 밖에 필요한 명령을 할 수 있다. ② 그 밖에 예측센터에 대한 지도·감독에 필요한 사항은 대통령령으로 정한다. [본조신설 2025. 3. 18.] [시행일: 2026. 3. 19.] 제23조의5	

식품안전기본법	식품안전기본법 시행령
제5장 정보공개 및 상호협력 등 **제24조(정보공개 등)** ① 정부는 식품등의 안전정보의 관리와 공개를 위하여 종합적인 식품등의 안전정보관리체계를 구축·운영하여야 한다. ② 관계중앙행정기관의 장은 식품안전정책을 수립하는 경우 사업자, 소비자 등 이해당사자에게 해당 정책에 관한 정보를 제공하여야 한다. ③ 관계행정기관의 장은 사업자가 식품안전법령등을 위반한 것으로 판명된 경우 해당 식품등 및 사업자에 대한 정보를 「공공기관의 정보공개에 관한 법률」 제9조제1항제6호에도 불구하고 공개할 수 있다. ④ 관계행정기관의 장은 대통령령으로 정하는 일정 수 이상의 소비자가 정보공개 요청사유, 정보공개 범위 및 소비자의 신분을 확인할 수 있는 증명서 구비 등 대통령령으로 정하는 요건을 갖추어 해당 관계행정기관이 보유·관리하는 식품등의 안전에 관한 정보를 공개할 것을 요청하는 경우로서 해당 식품등의 안전에 관한 정보가 국민 불특정 다수의 건강과 관련된 정보인 경우 「공공기관의 정보공개에 관한 법률」 제9조제1항제5호에도 불구하고 공개하여야 한다. ⑤ 시험·분석·연구기관은 시험·분석, 연구·개발 및 정보수집 등에 관하여 기관 상호 간에 협력하고 관련 정보를 공유하여야 한다.	**제17조(정보공개 요청 요건 등)** ① 관계행정기관의 장은 법 제24조제4항에 따라 20명 이상의 소비자가 별지 제2호서식의 식품등의 안전정보 공개 요청서를 제출한 경우 해당 식품등의 안전에 관한 정보가 국민 불특정 다수의 건강과 관련된 정보인 경우에는 그 정보를 공개하여야 한다. ② 제1항에 따른 정보공개 요청을 하는 경우 정보공개청구권자, 정보공개의 청구방법, 정보공개 여부의 결정 및 비용 부담에 관한 사항은 「공공기관의 정보공개에 관한 법률」 제5조, 제11조 및 제17조를 준용한다. **제17조의2(표준화)** 식품의약품안전처장은 법 제24조의2제1항에 따라 통합식품안전정보망의 구축·운영을 위하여 다음 각 호의 사항에 대한 표준을 정할 수 있다. 〈개정 2017. 5. 2.〉 1. 영업소의 분류체계에 관한 사항 2. 제조·가공 식품등의 품목, 유형 및 원료의 분류체계에 관한 사항 3. 농·축·수산물의 분류체계에 관한 사항 4. 그 밖에 식품의약품안전처장이 통합식품안전정보망의 구축·운영을 위하여 표준화가 필요하다고 인정하는 사항 [본조신설 2016. 8. 9.] [제17조의3에서 이동, 종전 제17조의2는 제17조의3으로 이동 〈2017. 5. 2.〉]

식품안전기본법	식품안전기본법 시행령
제24조의2(통합식품안전정보망 구축·운영) ① 식품의약품안전처장은 관계행정기관에 분산된 식품안전정보를 연계·통합하여 함께 활용하고 이를 국민에게 개방하기 위한 통합식품안전정보망을 구축·운영하여야 한다. ② 식품의약품안전처장은 제1항에 따른 통합식품안전정보망의 운영을 위하여 관계행정기관의 장에게 기간을 정하여 식품안전에 관한 정보의 제공을 요청할 수 있다. 이 경우 관계행정기관 및 식품안전에 관한 정보의 범위는 대통령령으로 정한다. 〈개정 2018. 6. 12.〉 ③ 제2항에 따라 자료의 제공을 요청받은 관계행정기관의 장은 정당한 사유가 없으면 해당 기간을 준수하여 그 요청에 따라야 한다. 〈개정 2018. 6. 12.〉 ④ 식품의약품안전처장은 제1항에 따른 통합식품안전정보망의 구축·운영에 관한 업무를 대통령령으로 정하는 기관 또는 단체에 위탁할 수 있다. 이 경우 식품의약품안전처장은 예산의 범위에서 위탁 업무의 수행에 필요한 경비를 지원할 수 있다. 〈신설 2016. 12. 2.〉 ⑤ 제1항에 따른 통합식품안전정보망의 구축·운영에 필요한 사항은 대통령령으로 정한다. 〈개정 2016. 12. 2.〉 [본조신설 2015. 3. 27.]	**제17조의3(관계행정기관의 범위 등)** ① 법 제24조의2제2항 후단에 따른 관계행정기관(이하 이 조 및 제22조에서 "관계행정기관"이라 한다)의 범위는 다음 각 호와 같다. 이 경우 식품등의 안전관리에 관한 권한이 위임·위탁된 경우에는 그 권한을 위임·위탁받은 기관을 포함한다. 〈개정 2017. 7. 26., 2018. 9. 4., 2020. 9. 11.〉 1. 교육부·법무부·국방부·행정안전부·농림축산식품부·산업통상자원부·보건복지부·환경부·국토교통부·해양수산부·관세청·방위사업청·농촌진흥청·질병관리청·기상청·공정거래위원회·국민권익위원회 2. 지방자치단체 ② 법 제24조의2제2항 후단에 따른 식품안전에 관한 정보의 범위는 다음 각 호와 같다. 1. 식품등의 생산·판매등에 관한 정보 2. 관계행정기관의 출입·수거·검사, 회수·폐기, 행정처분, 안전성조사 및 위해성평가에 관한 정보 3. 그 밖에 식품의약품안전처장이 법 제24조의2제1항에 따른 통합식품안전정보망(이하 "통합식품안전정보망"이라 한다)의 구축·운영을 위하여 필요하다고 인정하는 정보 ③ 식품의약품안전처장은 통합식품안전정보망의 원활한 운영을 위하여 관계행정기관과 협의회를 구성·운영할 수 있다. [본조신설 2016. 8. 9.] [제17조의2에서 이동, 종전 제17조의3은 제17조의2로 이동 〈2017. 5. 2.〉]

식품안전기본법	식품안전기본법 시행령
	제17조의4(통합식품안전정보망 구축·운영 업무의 위탁) 식품의약품안전처장은 법 제24조의2제4항에 따라 통합식품안전정보망의 구축·운영에 관한 업무를 「식품위생법」 제67조에 따른 식품안전정보원에 위탁한다. [본조신설 2017. 5. 2.]
제25조(소비자 및 사업자의 의견수렴) ① 관계중앙행정기관의 장은 소비자 및 사업자의 의견을 수렴하여 식품등의 안전에 관한 기준·규격을 제정하거나 개정하여야 하고, 제정하거나 개정할 때는 그 사유 및 과학적 근거를 구체적으로 공개하여야 한다. ② 관계중앙행정기관의 장은 소비자의 선택권 등을 보장하기 위하여 식품등에 대하여 표시기준을 마련하도록 노력하여야 한다.	
제26조(관계행정기관 간의 상호협력) ① 관계행정기관의 장은 식품안전정책을 수립·시행할 때 상호 긴밀히 협력하여야 하고, 식품등의 안전에 관한 기준·규격을 제정하거나 개정하고자 하는 경우 관련된 행정기관의 장과 사전에 협의하여야 한다. ② 관계행정기관의 장은 외국정부 및 국제기구 등과의 교류·협력을 통하여 취득한 식품등의 안전에 관한 정보 등 국내외 식품등의 안전에 관한 정보를 대통령령으로 정하는 바에 따라 상호 간에 공유하도록 하여야 한다. ③ 식품안전법령등을 위반한 사건을 수사하는 기관의 장은 해당 사건	**제18조(안전정보의 상호 공유 등)** ① 관계중앙행정기관 및 관계행정기관의 소속 공무원 등이 외국정부 및 국제기구 등을 방문하거나 양해각서 또는 협약 등의 체결 등을 통하여 식품등의 안전에 관한 정보를 취득하였을 때에는 특별한 사유가 있는 경우를 제외하고는 법 제26조제2항에 따라 관계중앙행정기관 및 관계행정기관에 통보하고 공유하여야 한다.

식품안전기본법	식품안전기본법 시행령
에 관한 내용을 공표하고자 하는 경우 해당 관계행정기관의 장과 사전에 협의하여야 한다. ④ 식품등의 안전에 관한 사항을 조사하는 행정기관(「공공기관의 운영에 관한 법률」에 따른 공공기관을 포함한다)의 장은 조사 결과를 공표하고자 하는 경우 해당 관계중앙행정기관의 장에게 공표하고자 하는 날의 7일 전까지 그 내용을 미리 통보하여야 한다. 〈신설 2016. 2. 3.〉 ⑤ 관계행정기관의 장은 식품등의 안전에 관한 기준·규격을 효율적으로 관리 및 재평가하기 위한 체계를 갖추도록 상호 긴밀히 협력하여야 한다. 〈신설 2014. 5. 21., 2016. 2. 3.〉	
제27조(소비자 및 사업자 등에 대한 지원) ① 관계행정기관의 장은 소비자의 건전하고 자주적이며 책임있는 식품등의 안전활동을 지원·육성하기 위한 정책을 마련하여야 한다. ② 관계행정기관의 장은 사업자에 대하여 공동검사시설 등 대통령령으로 정하는 식품등의 안전성 확보를 위한 시설투자 등에 소요되는 비용과 생산기술 등을 지원할 수 있다. ③ 관계행정기관의 장은 국제적 수준의 식품등의 안전관리기술의 확보와 국민의 식생활 향상을 위하여 식품등의 관련 연구기관 또는 단체 등에게 식품등의 관련 연구에 필요한 재정적 지원을 할 수 있다.	**제19조(시설투자 등의 지원)** 관계행정기관의 장은 법 제27조제2항에 따라 다음 각 호의 어느 하나에 해당하는 기준 등을 준수하기 위하여 필요한 시설투자 등에 사용되는 비용과 생산기술 등을 지원할 수 있다. 〈개정 2010. 11. 19., 2012. 7. 20., 2014. 1. 28., 2014. 11. 28.〉 1. 「식품위생법」 제48조에 따른 식품안전관리인증기준 2. 「축산물 위생관리법」 제9조에 따른 안전관리인증기준 3. 「농수산물 품질관리법」 제70조에 따른 위해요소중점관리기준 4. 「사료관리법」 제15조에 따른 우수제조관리및위해요소중점관리기준 5. 「건강기능식품에 관한 법률」 제22조에 따른 우수건강기능식품제조기준 6. 「농수산물 품질관리법」 제6조에 따른 우수농산물관리기준

식품안전기본법	식품안전기본법 시행령
제6장 소비자 등의 참여 〈개정 2016. 12. 2.〉 **제28조(소비자등의 참여)** ① 관계행정기관의 장은 식품등의 안전에 관한 각종 위원회에 소비자를 참여시키도록 노력하여야 한다. ② 관계행정기관의 장은 대통령령으로 정하는 일정 수 이상의 소비자, 「소비자기본법」 제29조에 따라 등록한 소비자단체 또는 시험·분석·연구기관(이하 이 조에서 "소비자등"이라 한다)이 대통령령으로 정하는 바에 따라 식품등에 대한 시험·분석 및 시료채취(이하 "시험·분석등"이라 한다)를 요청하는 경우 다음 각 호의 어느 하나에 해당하는 경우를 제외하고는 이에 응하여야 한다. 〈개정 2016. 12. 2.〉 1. 시험·분석·연구기관이 소비자등이 요청한 수준의 시험·분석등을 할 수 있는 능력이 없는 경우 2. 시험·분석등의 요청 건수가 과도하여 해당 시험·분석·연구기관의 업무에 중대한 지장을 초래하는 경우 3. 동일한 소비자등이 동일한 목적으로 시험·분석등을 반복적으로 요청하는 경우 4. 특정한 사업자를 이롭게 할 목적으로 시험·분석등을 요청하는 경우 등 공익적 목적에 반하는 경우 ③ 관계행정기관의 장은 제2항에 따라 해당 식품등에 대한 시험·분석등 요청에 응하는 경우 120일 이내에 시험·분석등을 실시한 후 그 결과를 대통령령으로 정하는 바에 따라 같은 항의 소비자등에게 통보하여야 한다. 이 경우 시험·분석등의 수수료는 대통령령으로 정하는	**제20조(시험·분석등의 요청)** ① 관계행정기관의 장은 법 제28조제2항에 따라 20명 이상의 소비자, 「소비자기본법」 제29조에 따라 등록한 소비자단체 또는 시험·분석·연구기관(이하 이 조에서 "소비자등"이라 한다)이 별지 제3호서식의 식품등의 시험·분석 및 시료채취 요청서를 제출하여 식품등에 대한 시험·분석 및 시료채취(이하 "시험·분석등"이라 한다)를 요청하는 경우 지체 없이 시험·분석등을 하여야 한다. 〈개정 2017. 5. 2.〉 ② 제1항에 따라 시험·분석등의 요청을 받은 관계행정기관의 장은 시험·분석등의 결과를 요청한 소비자등의 대표자에게 통보하여야 한다. 이 경우 결과통보는 소비자등이 요청한 방법으로 하되, 따로 정하지 않은 경우에는 문서로 통보한다. 〈개정 2017. 5. 2.〉 ③ 시험·분석등에 대한 수수료는 다음 각 호의 기준에 따라 시험·분석등을 요청한 소비자등이 부담한다. 〈개정 2017. 5. 2.〉 1. 식품안전법령등에서 시험·분석등에 대한 수수료를 별도로 정하고 있는 경우: 그 법령 등에서 정한 수수료 금액 2. 제1호 외의 경우: 시험·분석등에 필요한 시약 등의 재료구입비 및 인건비 등을 기준으로 관계행정기관의 장이 따로 책정한 수수료 금액 ④ 제3항에 따른 수수료는 수입인지 또는 수입증지로 납부하여야 한다. 다만, 정보통신망을 이용하여 전자화폐·전자결제 등의 방법으로

식품안전기본법	식품안전기본법 시행령
바에 따라 시험·분석등을 요청한 소비자등이 부담한다. 〈개정 2016. 12. 2.〉 [제목개정 2016. 12. 2.] **제29조(신고인 보호)** 사업자는 인체에 유해한 식품등이나 사업자의 식품안전법령등 위반행위를 관계행정기관에 신고하거나 그에 관한 자료를 제출한 신고인 등에 대하여 불이익한 처우를 하여서는 아니 된다. **제30조(포상금 지급)** 관계행정기관의 장은 이 법 및 식품안전법령등의 위반행위를 신고한 자에 대하여 대통령령으로 정하는 기준에 따라 포상금을 지급할 수 있다. 다만, 식품안전법령등으로 별도로 정하고 있는 경우에는 해당 규정을 적용한다.	이를 납부할 수 있다. **제21조(포상금 지급기준)** ① 법 제30조에 따른 포상금의 지급기준은 다음 각 호와 같다. 1. 법 제16조제2항 및 제19조제1항을 위반한 사업자를 신고한 경우: 50만원 이하 2. 법 제18조제4항을 위반한 사업자를 신고한 경우: 20만원 이하 ② 제1항에 따른 포상금의 세부적인 지급대상, 지급금액, 지급방법, 지급절차 등은 관계행정기관의 장이 따로 정한다. **제22조(고유식별정보의 처리)** 식품의약품안전처장 및 관계행정기관의 장은 통합식품안전정보망의 운영에 관한 사무를 수행하기 위하여 불가피한 경우 「개인정보 보호법 시행령」 제19조제1호 또는 제4호에 따른 주민등록번호 또는 외국인등록번호가 포함된 자료를 처리할 수 있다. [본조신설 2016. 8. 9.]

식품안전기본법	식품안전기본법 시행령
부칙 〈제9121호, 2008. 6. 13.〉 이 법은 공포 후 6개월이 경과한 날부터 시행한다. 다만, 제2조제5호의 「어린이 식생활안전관리 특별법」의 부분은 2009년 3월 22일부터 시행한다. **부칙 〈제9932호, 2010. 1. 18.〉 (정부조직법)** **제1조(시행일)** 이 법은 공포 후 2개월이 경과한 날부터 시행한다. 〈단서 생략〉 **제2조** 및 **제3조** 생략 **제4조(다른 법률의 개정)** ① 부터 〈71〉 까지 생략 〈72〉 식품안전기본법 일부를 다음과 같이 개정한다. 제2조제4호 중 "보건복지가족부"를 "보건복지부"로 한다. 제8조제2항제1호 중 "보건복지가족부장관"을 "보건복지부장관"으로 한다. 〈73〉 부터 〈137〉 까지 생략 **제5조** 생략 **부칙 〈제10310호, 2010. 5. 25.〉 (축산물위생관리법)** **제1조(시행일)** 이 법은 공포 후 6개월이 경과한 날부터 시행한다. 〈단서 생략〉 **제2조** 부터 **제12조**까지 생략	**부칙 〈제21158호, 2008. 12. 9.〉** **제1조(시행일)** 이 영은 2008년 12월 14일부터 시행한다. **제2조(경과조치)** 제3조부터 제5조까지의 규정에도 불구하고 이 영 시행 후 최초로 수립하는 기본계획 및 시행계획에 대해서는 그 제출기한 및 시행 일자를 국무총리가 따로 정할 수 있다. **부칙 〈제22003호, 2010. 1. 27.〉 (신문 등의 진흥에 관한 법률 시행령)** **제1조(시행일)** 이 영은 2010년 2월 1일부터 시행한다. **제2조** 및 **제3조** 생략 **제4조(다른 법령의 개정)** ① 부터 ㉗ 까지 생략 ㉘ 식품안전기본법 시행령 일부를 다음과 같이 개정한다. 제16조제1항제2호 중 「신문 등의 자유와 기능보장에 관한 법률」 제12조제1항"을 「신문 등의 진흥에 관한 법률」 제9조제1항"으로 한다. ㉙ 부터 ㊺ 까지 생략 **제5조** 생략 **부칙 〈제22497호, 2010. 11. 19.〉 (축산물위생관리법 시행령)** **제1조(시행일)** 이 영은 2010년 11월 26일부터 시행한다. 〈단서 생략〉 **제2조** 부터 **제6조**까지 생략 **제7조(다른 법령의 개정)** ①부터 ⑥까지 생략

식품안전기본법	식품안전기본법 시행령
제13조(다른 법률의 개정) ① 부터 ⑯ 까지 생략 ⑰ 식품안전기본법 일부를 다음과 같이 개정한다. 제2조제5호 중 「축산물가공처리법」을 「축산물위생관리법」으로 한다. ⑱ 부터 ㉘ 까지 생략 **제14조** 생략 　　　　부칙 〈제10885호, 2011. 7. 21.〉 (농수산물 품질관리법) **제1조(시행일)** 이 법은 공포 후 1년이 경과한 날부터 시행한다. **제2조** 부터 제18조까지 생략 **제19조(다른 법률의 개정)** ①부터 ⑤까지 생략 ⑥ 식품안전기본법 일부를 다음과 같이 개정한다. 제2조제2호나목을 다음과 같이 하고, 같은 호 다목을 삭제하며, 같은 조 제5호 중 「농산물품질관리법」을 「농수산물 품질관리법」으로 하고, 「친환경농업육성법」, 「수산물품질관리법」을 「친환경농업육성법」으로 한다. 　나. 「농수산물 품질관리법」에 따른 농수산물 ⑦부터 ⑬까지 생략 **제20조** 생략 　　　　부칙 〈제10999호, 2011. 8. 4.〉 이 법은 공포 후 3개월이 경과한 날부터 시행한다.	⑦ 식품안전기본법 시행령 일부를 다음과 같이 개정한다. 제14조제3호 및 제19조제2호 중 「축산물가공처리법」을 각각 「축산물위생관리법」으로 한다. ⑧부터 ⑪까지 생략 **제8조** 생략 　　　　부칙 〈제22715호, 2011. 3. 22.〉 (먹는물관리법 시행령) **제1조(시행일)** 이 영은 2011년 3월 23일부터 시행한다. **제2조** 및 **제3조** 생략 **제4조(다른 법령의 개정)** ① 식품안전기본법 시행령 일부를 다음과 같이 개정한다. 제2조제2호 중 "먹는샘물"을 "먹는샘물등"으로 한다. ② 생략 　　　　부칙 〈제23807호, 2012. 5. 23.〉 (개인정보 보호를 위한 상가건물 임대차보호법 시행령 등 일부개정령) **제1조(시행일)** 이 영은 공포한 날부터 시행한다. **제2조(서식 개정에 관한 경과조치)** 이 영 시행 당시 종전의 규정에 따른 서식은 2012년 8월 31일까지 이 영에 따른 서식과 함께 사용할 수 있다.

식품안전기본법	식품안전기본법 시행령
부칙 〈제11101호, 2011. 11. 22.〉 (소금산업 진흥법) 제1조(시행일) 이 법은 공포 후 1년이 경과한 날부터 시행한다. 제2조 부터 제6조까지 생략 제7조(다른 법률의 개정) ① 및 ② 생략 　③ 식품안전기본법 일부를 다음과 같이 개정한다. 　제2조제5호 중 "「염관리법」"을 "「소금산업 진흥법」"으로 한다. 　④ 생략 제8조 생략 부칙 〈제11459호, 2012. 6. 1.〉 (친환경농어업 육성 및 유기식품 등의 관리·지원에 관한 법률) 제1조(시행일) 이 법은 공포 후 1년이 경과한 날부터 시행한다. 〈단서 생략〉 제2조 부터 제5조까지 생략 제6조(다른 법률의 개정) ①부터 ③까지 생략 　④ 식품안전기본법 일부를 다음과 같이 개정한다. 　제2조제5호 중 "「친환경농업육성법」"을 "「친환경농어업 육성 및 유기식품 등의 관리·지원에 관한 법률」"로 한다. 　⑤부터 ⑨까지 생략 제7조 생략	부칙 〈제23964호, 2012. 7. 20.〉 (농수산물 품질관리법 시행령) 제1조(시행일) 이 영은 2012년 7월 22일부터 시행한다. 제2조 생략 제3조(다른 법령의 개정) ①부터 ④까지 생략 　⑤ 식품안전기본법 시행령 일부를 다음과 같이 한다. 　제19조제3호 중 "「수산물품질관리법」 제23조"를 "「농수산물 품질관리법」 제70조"로 하고, 같은 조 제6호 중 "「농산물품질관리법」 제7조의2"를 "「농수산물 품질관리법」 제6조"로 한다. 　⑥ 및 ⑦ 생략 제4조 생략 부칙 〈제24195호, 2012. 11. 23.〉 (소금산업 진흥법 시행령) 제1조(시행일) 이 영은 공포한 날부터 시행한다. 제2조 생략 제3조(다른 법령의 개정) ① 생략 　② 식품안전기본법 시행령 일부를 다음과 같이 개정한다. 　제2조제4호 중 "「염관리법」"을 "「소금산업 진흥법」"으로 한다. 제4조 생략 부칙 〈제24454호, 2013. 3. 23.〉 (보건복지부와 그 소속기관 직제) 제1조(시행일) 이 영은 공포한 날부터 시행한다. 〈단서 생략〉

식품안전기본법	식품안전기본법 시행령
부칙 〈제11690호, 2013. 3. 23.〉 (정부조직법) **제1조(시행일)** ① 이 법은 공포한 날부터 시행한다. ② 생략 **제2조** 부터 **제5조**까지 생략 **제6조(다른 법률의 개정)** ①부터 〈469〉까지 생략 〈470〉 식품안전기본법 일부를 다음과 같이 개정한다. 제2조제4호 중 "교육과학기술부 · 농림수산식품부 · 지식경제부"를 "교육부 · 농림축산식품부 · 산업통상자원부"로, "농촌진흥청 및 식품의약품안전청"을 "해양수산부 · 식품의약품안전처 및 농촌진흥청"으로 한다. 제8조제2항제1호 중 "교육과학기술부장관 · 법무부장관 · 농림수산식품부장관"을 "교육부장관 · 법무부장관 · 농림축산식품부장관"으로, "식품의약품안전청장 및 국무총리실장"을 "해양수산부장관 · 식품의약품안전처장 및 국무조정실장"으로 한다. 〈471〉부터 〈710〉까지 생략 **제7조** 생략 **부칙 〈제12670호, 2014. 5. 21.〉** 이 법은 공포한 날부터 시행한다. **부칙 〈제13276호, 2015. 3. 27.〉** 이 법은 공포한 날부터 시행한다.	**제2조** 및 **제3조** 생략 **제4조(다른 법령의 개정)** ①부터 ⑮까지 생략 ⑯ 식품안전기본법 시행령 일부를 다음과 같이 개정한다. 제7조제2항 중 "국무총리실"을 "국무조정실"로 한다. ⑰부터 ㊴까지 생략 **부칙 〈제25133호, 2014. 1. 28.〉 (축산물 위생관리법 시행령)** **제1조(시행일)** ① 이 영은 2014년 1월 31일부터 시행한다. ②부터 ⑤까지 생략 **제2조** 생략 **제3조(다른 법령의 개정)** ①부터 ⑤까지 생략 ⑥ 식품안전기본법 시행령 일부를 다음과 같이 개정한다. 제14조제3호 중 「축산물위생관리법」을 「축산물 위생관리법」으로 한다. 제19조제2호를 다음과 같이 한다. 2. 「축산물 위생관리법」 제9조에 따른 안전관리인증기준 ⑦부터 ⑫까지 생략 **부칙 〈제25792호, 2014. 11. 28.〉 (식품위생법 시행령)** **제1조(시행일)** 이 영은 2014년 11월 29일부터 시행한다. **제2조(다른 법령의 개정)** ① 및 ② 생략

식품안전기본법	식품안전기본법 시행령
부칙 〈제14021호, 2016. 2. 3.〉 이 법은 공포한 날부터 시행한다. **부칙 〈제14354호, 2016. 12. 2.〉** 이 법은 공포한 날부터 시행한다. 다만, 제24조의2제4항 및 제28조제2항의 개정규정은 공포 후 6개월이 경과한 날부터 시행한다. **부칙 〈제15708호, 2018. 6. 12.〉** **제1조(시행일)** 이 법은 공포한 날부터 시행한다. **제2조(식품등에 관한 안전관리계획 수립에 관한 적용례)** 제6조제1항의 개정규정은 이 법 시행 후 최초로 수립하는 식품등에 관한 안전관리계획부터 적용한다. **부칙 〈제17037호, 2020. 2. 18.〉** **(수산식품산업의 육성 및 지원에 관한 법률)** **제1조(시행일)** 이 법은 공포 후 1년이 경과한 날부터 시행한다. **제2조** 부터 **제8조**까지 생략 **제9조(다른 법률의 개정)** ①부터 ⑦까지 생략 ⑧ 식품안전기본법 일부를 다음과 같이 개정한다. 제2조제5호 중 「식품산업진흥법」을 「식품산업진흥법」, 「수산식품산업의 육성 및 지원에 관한 법률」로 한다.	③ 식품안전기본법 시행령 일부를 다음과 같이 개정한다. 제19조제1호 중 "「식품위생법」 제32조의2에 따른 위해요소중점관리기준"을 "「식품위생법」 제48조에 따른 식품안전관리인증기준"으로 한다. ④ 생략 **부칙 〈제26936호, 2016. 1. 22.〉** **(수입식품안전관리 특별법 시행령)** **제1조(시행일)** 이 영은 2016년 2월 4일부터 시행한다. **제2조** 생략 **제3조(다른 법령의 개정)** ① 및 ② 생략 ③ 식품안전기본법 시행령 일부를 다음과 같이 개정한다. 제14조제1호 중 "식품첨가물제조업자, 식품등수입판매업자"를 "식품첨가물제조업자"로 하고, 같은 조 제2호 중 "건강기능식품제조업자, 건강기능식품수입업자"를 "건강기능식품제조업자"로 하며, 같은 조 제3호 중 "알가공업자, 축산물수입판매업자"를 "알가공업자"로 하고, 같은 조에 제6호를 다음과 같이 신설한다. 6. 「수입식품안전관리 특별법」에 따른 수입식품등 수입·판매업자 ④ 및 ⑤ 생략 **제4조** 생략 **부칙 〈제27443호, 2016. 8. 9.〉** 이 영은 공포한 날부터 시행한다.

식품안전기본법	식품안전기본법 시행령
⑨부터 ⑬까지 생략 제10조 생략 　　　　부칙 〈제17472호, 2020. 8. 11.〉 (정부조직법) 제1조(시행일) 이 법은 공포 후 1개월이 경과한 날부터 시행한다. 다만, ···〈생략〉···, 부칙 제4조에 따라 개정되는 법률 중 이 법 시행 전에 공포되었으나 시행일이 도래하지 아니한 법률을 개정한 부분은 각각 해당 법률의 시행일부터 시행한다. 제2조 및 제3조 생략 제4조(다른 법률의 개정) ①부터 ㉙까지 생략 　㉚ 식품안전기본법 일부를 다음과 같이 개정한다. 　제2조제4호 중 "관세청 및 농촌진흥청"을 "관세청·농촌진흥청 및 질병관리청"으로 한다. 　㉛부터 ㉝까지 생략 제5조 생략 　　　부칙 〈제17761호, 2020. 12. 29.〉 (주류 면허 등에 관한 법률) 제1조(시행일) 이 법은 2021년 1월 1일부터 시행한다. 제2조 부터 제9조까지 생략 제10조(다른 법률의 개정) ①부터 ④까지 생략 　⑤ 식품안전기본법 일부를 다음과 같이 개정한다. 　제2조제5호 중 "「주세법」"을 "「주세법」, 「주류 면허 등에 관한 법률」"	부칙 〈제28008호, 2017. 5. 2.〉 이 영은 2017년 6월 3일부터 시행한다. 　부칙 〈제28211호, 2017. 7. 26.〉 (행정안전부와 그 소속기관 직제) 제1조(시행일) 이 영은 공포한 날부터 시행한다. 다만, 부칙 제8조에 따라 개정되는 대통령령 중 이 영 시행 전에 공포되었으나 시행일이 도래하지 아니한 대통령령을 개정한 부분은 각각 해당 대통령령의 시행일부터 시행한다. 제2조 부터 제7조까지 생략 제8조(다른 법령의 개정) ①부터 〈369〉까지 생략 　〈370〉 식품안전기본법 시행령 일부를 다음과 같이 개정한다. 　제17조의3제1항제1호 중 "행정자치부"를 "행정안전부"로 한다. 　〈371〉부터 〈388〉까지 생략 　　　　　부칙 〈제29141호, 2018. 9. 4.〉 이 영은 공포한 날부터 시행한다. 　　　　부칙 〈제31013호, 2020. 9. 11.〉 　　　　(보건복지부와 그 소속기관 직제) 제1조(시행일) 이 영은 2020년 9월 12일부터 시행한다. 제2조 생략

식품안전기본법	식품안전기본법 시행령
로 한다. ⑥부터 ⑪까지 생략 **제11조** 생략 부칙 〈제18362호, 2021. 7. 27.〉 이 법은 공포한 날부터 시행한다. 부칙 〈제18966호, 2022. 6. 10.〉 이 법은 공포 후 3개월이 경과한 날부터 시행한다.	**제3조(다른 법령의 개정)** ①부터 ㉙까지 생략 ㉚ 식품안전기본법 시행령 일부를 다음과 같이 개정한다. 제17조의3제1항제1호 중 "농촌진흥청"을 "농촌진흥청·질병관리청"으로 한다. ㉛ 및 ㉜ 생략 부칙 〈제32686호, 2022. 6. 7.〉 (식품 등의 표시·광고에 관한 법률 시행령) **제1조(시행일)** 이 영은 공포한 날부터 시행한다. 다만, 부칙 제3조는 2023년 1월 1일부터 시행한다. **제2조** 생략 **제3조(다른 법령의 개정)** ① 생략 ② 식품안전기본법 시행령 일부를 다음과 같이 개정한다. 제15조제1항제3호 및 제16조제2항제3호 중 "유통기한"을 각각 "소비기한"으로 한다. ③부터 ⑥까지 생략

식품안전기본법 시행령

[별지 제1호서식] <개정 2016. 8. 9.>

식품등의 생산·판매등의 금지 해제 요청서

※ 접수일과 접수번호는 요청인이 적지 않습니다. [ ]에는 해당하는 곳에 √표를 합니다.

접수번호		접수일		처리기간	
요청인	사업자 성명(법인명)			생년월일 또는 사업자등록번호	
	사업소 명칭 또는 상호				
	주소				
	연락처			휴대전화	
요청사항	식품등의 제품명				
	금지 해제 요청 사유				

「식품안전기본법」제16조제5항 및 같은 법 시행령 제11조에 따라 위 제품의 생산·판매등의 금지 해제를 요청합니다.

년   월   일

요청인   (서명 또는 인)

관계행정기관의 장   귀하

처리 절차

요청서 작성 → 접수 → 보고 → 심의 → 심의 결과 통보 → 심의 결과 통보 → 통보

요청인 / 관계행정기관 / 관계중앙행정기관 / 식품안전정책위원회 / 관계중앙행정기관 / 관계행정기관 / 요청인

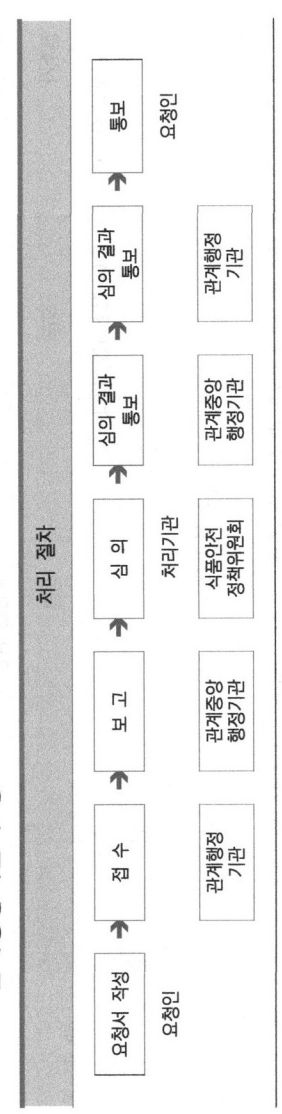

210mm×297mm[백상지(80g/㎡)]

[별지 제2호서식] <개정 2016. 8. 9.>

식품등의 안전정보 공개 요청서

※ 접수일자와 접수번호는 요청인이 적지 않습니다. [ ]에는 해당하는 곳에 √표를 합니다.

접수번호		접수일자		처리기간	(앞쪽)
요청인 대표	성명		생년월일(여권·외국인등록 번호)		
	주소(소재지)		전화번호(팩스 번호)		
			전자우편 주소		

※ 요청인 대표를 제외한 나머지 요청인에 대한 사항은 뒤쪽에 작성합니다.

정보공개 내용	공개요청 내용	
	공개 방법	[ ]열람·시청 [ ]사본·출력물 [ ]전자파일 [ ]복제·인화물 [ ]그 밖의 방법 ( )
	공개요청 사유	
	공개정보 사용목적	
	수령 방법	[ ]직접 방문 [ ]우편 [ ]팩스 [ ]전자우편 [ ]그 밖의 방법 ( )

「식품안전기본법」 제24조제4항 및 같은 법 시행령 제17조에 따라 위와 같이 식품등의 안전정보의 공개를 요청합니다.

년 월 일

요청인 (서명 또는 인)

(관계행정기관의 장) 귀하

첨부서류	해당 여부	[ ]해당 [ ]해당 없음
수수료 감면	감면 사유	※「공공기관의 정보공개에 관한 법률 시행령」 제17조제3항에 따른 수수료 감면대상에 해당하는 경우에만 적습니다.
첨부서류	1. 요청인의 신분을 확인할 수 있는 증명서류 2. 수수료 감면 사유에 해당하는 경우 그 사실을 증명할 수 있는 서류	

접수증

접수번호		요청인 성명	
접수자	직급	성명	(서명 또는 인)

귀하의 요청서는 위와 같이 접수되었습니다.

년 월 일

접수기관의 장 [직인]

※ 식품등의 안전정보 공개의 처리결과 관련하여 문의사항이 있으면 담당 부서로 문의하여 주시기 바랍니다.

210mm×297mm[백상지 80g/m²]

(뒤쪽)

순번	요청인 성명	생년월일 (여권·외국인등록 번호)	주소 (소재지)	전화번호

안내

※ 「공공기관의 정보공개에 관한 법률 시행령」 제17조제3항에 따른 수수료 감면대상

1. 비영리의 학술·공익단체 또는 법인이 학술이나 연구목적 또는 행정감시를 위하여 필요한 정보를 청구한 경우
2. 교수·교사 또는 학생이 교육자료나 연구목적으로 필요한 정보를 소속기관의 장의 확인을 받아 청구한 경우
3. 그 밖에 공공기관의 장이 공공복리의 유지·증진을 위하여 감면이 필요하다고 인정하는 경우

[별지 제3호서식] 〈개정 2017. 5. 2.〉

식품등의 시험·분석 및 시료채취 요청서

※ 접수일자와 접수번호는 요청인이 작지 않습니다. [ ]에는 해당하는 곳에 √표를 합니다.

접수번호		접수일자		처리기간	
요청인	성명(대표자)		생년월일(여권·외국인등록 번호)		
	단체명·기관명		단체·기관 등록번호		
	※ 요청인이 단체 또는 기관인 경우 작성합니다.		※ 요청인이 단체 또는 기관인 경우 작성합니다.		
	주소(사무소 소재지)		전화번호(팩스번호)		
			전자우편 주소		
	※ 요청인이 소비자인 경우에는 대표를 제외한 나머지 요청인에 대한 사항은 뒤쪽에 작성합니다.				
요청 내용	제품명		제조(수입)업소		
	요청 항목				
	요청 사유				
	결과 통보 방법	[ ]열람·신청 [ ]서면·출력물 [ ]전자파일 [ ]복제·인화물 [ ]그 밖의 방법( )			
	수령 방법	[ ]직접 방문 [ ]우편 [ ]팩스 [ ]전자우편 [ ]그 밖의 방법( )			

「식품안전기본법」 제28조 및 같은 법 시행령 제20조에 따라 위와 같이 시험·분석 및 시료채취를 요청합니다.

년   월   일

요청인 대표   (서명 또는 인)

(관계행정기관의 장) 귀하

수수료	1. 「식품안전기본법」, 제조제15조에 따른 식품안전법령등에서 시험·분석 등에 대한 수수료를 별도로 정하고 있는 경우: 그 법령 등에서 정한 수수료 금액 2. 제1호 외의 경우: 시험·분석 등에 필요한 사약 등의 재료구입비 및 인건비 등의 기준으로 관계행정기관의 장이 따로 책정한 금액

접수증

접수번호		요청인 대표 성명	
접수자	직급	성명	(서명 또는 인)

귀하의 요청서는 위와 같이 접수되었습니다.

년   월   일

접수기관장   [직인]

※ 식품등의 시험·분석 및 시료채취 요청과 관련하여 문의사항이 있으면 담당 부서로 문의하여 주시기 바랍니다.

순번	요청인 성명	생년월일 (여권·외국인등록 번호)	주소	전화번호

(뒤쪽)

식품안전기본법

초판 인쇄 2025년 10월 10일
초판 발행 2025년 10월 15일

저 자 식품의약품안전처
발행인 김남중

발행처 진한엠앤비
주소 서울시 서대문구 독립문로 14길 66 205호(냉천동 260)
전화 02) 364 - 8491(대) / 팩스 02) 319 - 3537
홈페이지주소 http://www.jinhanbook.co.kr
등록번호 제25100-2016-000019호 (등록일자 : 1993년 05월 25일)
ⓒ2025 jinhan M&B INC, Printed in Korea

ISBN 979-11-290-6148-5 (93570)　　[정가 8,000원]

☞ 이 책에 담긴 내용의 무단 전재 및 복제 행위를 금합니다.
☞ 잘못 만들어진 책자는 구입처에서 교환해 드립니다.
☞ 본 도서는 [공공데이터 제공 및 이용 활성화에 관한 법률]을 근거로 출판되었습니다.